ERNEST BRUEYRE

DU PROGRÈS

DANS

LES SCIENCES

DISCOURS EN VERS

DÉDIÉ A LA SOCIÉTÉ DES SCIENCES INDUSTRIELLES
ARTS ET BELLES-LETTRES DE PARIS

Vires acquirit eundo

F. AUREAU

IMPRIMERIE DE LAGNY

1870

DU PROGRÈS

DANS

LES SCIENCES

ERNEST BRUEYRE

DU PROGRÈS

DANS

LES SCIENCES

DISCOURS EN VERS

DÉDIÉ A LA SOCIÉTÉ DES SCIENCES INDUSTRIELLES
ARTS ET BELLES-LETTRES DE PARIS

Vires acquirit eundo.

F. AUREAU

IMPRIMERIE DE LAGNY

1870

DU PROGRÈS

DANS

LES SCIENCES

DISCOURS EN VERS

DÉDIÉ A LA SOCIÉTÉ DES SCIENCES INDUSTRIELLES,
ARTS ET BELLES-LETTRES DE PARIS

Vires acquirit eundo.

————

« L'homme est, à son début, resté nu sur la terre;
Les besoins aussitôt lui déclarent la guerre.
Limité dans ses sens, il n'a pour horizon
Qu'un champ couvert de nuit, — qu'éclaire sa raison.
Le hardi voyageur vers le but s'achemine ;
Le sentier, par degrés, sur ses pas s'illumine.

Son génie obstiné, sans relâche cherchant,
S'exalte par l'obstacle et grandit en marchant.
Un mobile divin le soutient sur sa route,
Ranime sa vertu, l'affermit quand il doute.
Il vole, il est porté sur l'aile de la foi ;
Des éléments vaincus le travail le fait roi :
Un nouveau monde éclôt, issu de sa pensée...
Il ne s'arrête point : d'une ardeur non lassée,
Athlète renaissant, un plus sublime essor,
Vers de nouveaux objets va l'emporter encor.
N'estimant rien de fait, tant qu'il lui reste à faire,
A l'inconnu sans cesse il arrache un mystère.
Une immuable loi lui prescrit d'avancer :
A chaque instant lui-même il se doit surpasser...
Cette loi, qui le tient en incessante haleine,
L'élève par degrés, sous un Dieu qui le mène ;
C'est elle qui lui crie : Encore ! — Assez ! — jamais.
La voix de l'univers l'appelle *le Progrès*. »

Ainsi parle en nos jours l'altière Science ;
Tout s'incline autour d'elle, admire et fait silence.

Du progrès la Science a saisi le fanal ;
Jadis elle suivit, d'un succès inégal,
Les Lettres et les Arts, aînés de la lumière,
Qui semblent aujourd'hui lui céder la carrière.

De ces dons excellents qui tiennent à l'esprit,
Presque dès ses débuts l'homme a cueilli le fruit ;
Témoin l'Inde et la Perse, et l'Égypte et la Grèce.
La Science est le dernier né de la Sagesse ;
Par l'observation s'avançant à pas lents,
Plus que d'autres elle a pour mesure le temps.

Les siècles plus récents, propices au contrôle,
Par les événements lui préparent son rôle.
A Byzance abattu en son foyer ardent,
L'empire du savoir se fixe en Occident,
Et, pour enregistrer les conquêtes nouvelles,
La presse offre d'abord ses pages immortelles.
Les Lettres et les Arts revivent du passé :
La Science a son tour, son règne a commencé.
De tous côtés jaillit l'hypothèse féconde :
Le compas du Génois rejoint les bouts du monde.
Vainqueur du vide affreux, l'air nous opprime tous ;
Le jour en ondulant, dit-on, vient jusqu'à nous.
O prodige ! le sang dans nos veines circule,
Pourtant cette évidence eut plus d'un incrédule. —
Déjà l'art de guérir, par de hardis travaux,
Réclamait de la mort le secret de nos maux.

Notre œil armé du verre interroge l'espace,
D'un double mouvement la terre se déplace ;

Elle tourne à son tour... Gloire à l'audacieux
Qui réduit notre rôle au grand livre des cieux !
Un autre, par un coup hardi de son génie,
Du système du monde explique l'harmonie.
Ces grands corps scintillants, énigmes de nos yeux,
Vers un centre attirés, s'attirent tous entre eux.
D'un si beau résultat quelque part nous est due,
Par d'illustres voisins un peu trop retenue.
D'un nom grandi chez nous [1] les travaux glorieux
Rénovaient, fécondaient la science des cieux.

A de nouveaux liens l'esprit humain convole,
En tout il examine et délaisse l'école.

Envers le moyen âge acquittons un retard ;
Mais comment te louer, triste fruit du hasard [2],
Qui dans les mains de l'homme as placé le tonnerre,
Et de loin, à coup sûr, vas servir sa colère ?

Aujourd'hui l'analyse, en domptant tous les corps,
Contre l'or tant cherché trouve d'autres trésors.
Le grand œuvre n'eut pas que de stériles veilles :
L'utopie a produit de palpables merveilles.

1. Descartes. — 2. La poudre.

Sous le multiple effort du pouvoir inventeur
Naît de l'eau transformée un tout-puissant moteur.
Le train siffle et s'élance; il échappe à la vue :
Nous avons condensé le temps et l'étendue.
D'un réseau merveilleux le globe est enserré,
Et par tous les moyens en tous sens exploré.
Déniant la douleur, le moderne stoïque
A surmonté le pôle et vu la mer Arctique ;
Un grand fleuve l'appelle aux torrides climats [1],
Les barrières partout s'envolent sous ses pas ;
L'amour unit les cœurs, — qui parle encor de zone? —
Et nous acclimatons et la flore et la faune.

La voile a fait son temps. Grâce au moteur nouveau,
L'Océan n'est qu'un lac, qu'on franchit en bateau.
Tout pilote est Neptune à l'espace liquide,
A qui nous ravissons jusqu'au nom de perfide.
Au marin en péril on dénonce le vent ;
Ou perfore les monts, détache un continent [2]...
Mais pourquoi se flatter? la nature invincible
Exerçant contre nous sa revanche terrible,
Les ondes en fureur emportent nos guérets,
Et nos lauriers, hélas! se mêlent de cyprès.

1. Le Nil. — 2. Inauguration du canal de Suez, 17 novembre 1869.

Ce que l'on sait le moins, nous dit-on, c'est soi-mêm
L'homme de son passé reprenant le problème,
L'agite en tous les sens. Son effort anxieux
Cherche à percer le voile épaissi sur ses yeux.
Vers le vieil Orient, le berceau de sa race,
De ses premiers aïeux il évoque la trace.
Parmi les monuments qui lui prêtent appui,
Le plus ancien de tous, — qui commence avec lui, —
Le langage, d'abord, témoin incorruptible,
De la raison en nous le signe indéfectible,
Reconquiert l'être humain à la société
Sur l'idéal sauvage, à plaisir inventé.
La grammaire aujourd'hui, sans doute et sans faiblesse,
A classé hors de pair et vengé notre espèce.

Au sein des Océans, du monde séparés,
En des mondes, de nous si longtemps ignorés,
Des humains ont passé morts, avec leur histoire [1],
De qui nous érigeons la seconde mémoire ;
Lorsque, de sens moral presque dépossédés,
D'autres montrent encor leurs types dégradés.
Dix-sept siècles durant, sur la terre italique,
Un peuple eut pour linceul la cendre volcanique.
Celui-ci, du tombeau, que l'on va soulevant, —

1. Les anciens Mexicains.

Réveil anticipé, — s'arrache tout vivant [1].
Une antique cité [2] surgit du sein de l'onde,
Et, nouvelle Aphrodite, émerveille le monde. —
Les couches des terrains montrent les détritus
De ces êtres géants, avant l'homme apparus.
Mais le domaine humain, cette terre solide
Fut-elle à l'origine ignée ou bien liquide ?
De Neptune et Pluton pesant les arguments,
Nous discutons encor nos premiers fondements.

De la pensée, un fluide, interprète fidèle,
A travers l'Océan voyage aussi prompt qu'elle.
La vapeur promettait au monde l'unité,
Le câble la surpasse et fait l'ubiquité.
Aux conquêtes de l'air, un succès plus avare
Voit Dédale affligé des épreuves d'Icare.
Le point d'appui fameux à trouver se fait lent :
Le grand maître des airs jusqu'ici c'est le vent. —
A défier l'oiseau, si l'homme se condamne,
Privé d'ailes, il s'est rendu plus d'un organe,
De sa forme elle—même il réduit les écarts,
Et de Mars, bien souvent, répare les hasards [3].

1. Pompéi, Herculanum. — 2. Dans l'île de Santorin (Cyclades).
3. La prothèse dans toutes ses variétés.

Retournant le soleil au plus étrange usage,
L'astre complaisamment vient tracer notre image.
Le prisme incessamment nous cède ses couleurs ;
Voilà le soleil peintre, — et peintre des meilleurs.
Non content de peser sa masse inaccessible,
Nous savons le forcer à se rendre tangible.
Sa composition, sans l'aide de fourneaux,
Par l'optique entrevue, exhibe nos métaux [1]. —
La force est-elle unique? Immense controverse! —
Et la matière simple enfin, après diverse?...
Les anciens, dont on rit, trouvaient quatre éléments...
L'homme enfin contre soi tourne ses instruments.
L'ardeur de tout savoir, — toujours inassouvie, —
Va scruter sans frémir l'arcane de la vie.
A l'impossible même on le voit attenter :
Le moderne Titan saura-t-il s'arrêter ?

Dans l'exaltation de son autonomie,
La Science a créé la grave Économie.
De nos futurs destins ce nouveau parangon
Applique à l'univers les lois de la maison,
Aime surtout les faits, subordonne les causes,
Et revise à son gré le principe des choses.

1. Analyse spectrale.

La Science, en un mot, veut régir les États,
Pour son plus grand bonheur régler l'homme au compas.
Pourvu qu'on se suspende au branle de sa roue,
Elle, en sécurité, nous invite à Capoue,
L'abondance à la main, prétend à nous charmer.
L'homme n'a plus qu'un but : produire et consommer.
Que ne peut le désir de tarir nos misères !
La sévère Science a donc de ces chimères !
Comme feu l'Alchimie, au fond d'autres creusets
Elle a cru découvrir l'universelle paix,
Des souvenirs d'Éden restaure les ruines,
Et refait l'âge d'or au siècle des usines !
De ce rêve indiscret désabusés bientôt,
Un terrible réveil nous arrache en sursaut.
Nous ne démentons point un funeste héritage,
Janus, le vieux Janus, retourne son visage.
J'entends le temple saint s'agiter sur ses gonds :
La Discorde en triomphe y souffle ses démons.
Les succès remportés d'hier sur la matière
Servent à renfoncer la puissance guerrière.
Impassible levier pour le bien, pour le mal,
L'Industrie à tous deux ouvre son arsenal.
Cérès parfait en vain l'instrument qui moissonne,
Vulcain forge l'airain qui hurle avec Bellone ;
D'invisibles engins, monstres des temps nouveaux,

Le trépas enflammé jaillit du sein des eaux [1],
Et Minerve, fouillant le trousseau de nos filles,
Aux modernes fusils a prêté ses aiguilles.

O mystère profond ! qui dira tes secrets?
Ou plutôt qui dirait le secret de la paix?
Tout, à la décrier, contre elle nous convie :
La lutte, n'est-ce pas la forme de la vie?
Sachons nous contenter du pouvoir dirigeant :
L'esprit veut rester libre ; il marche en divergeant.
A tort comme à raison, éternel indocile,
Sur le soupçon d'un frein il bondit comme Achille,
Et depuis six mille ans qu'on le presse à l'envi,
Nul n'a pu jusqu'ici s'assurer contre lui ;
L'invincible captif à jamais nous échappe :
Habile qui saurait lui trouver sa soupape!

Le savoir, autrefois, fut-il un et sacré,
Aux mains d'un petit nombre avec soin retiré?
Le peuple reçut-il sur les marches du temple,
De toute vérité le précepte et l'exemple?
Le contrôle laïque, à son tour en faveur,
Du ciel scientifique abaissa la hauteur.

1. Par les torpilles.

Le savoir a perdu sa forme hiératique;
Mais Japhet est rebelle à l'esprit synthétique,
Ce qui, chez nos aïeux, fut la distinction,
Est devenu, chez nous, la séparation,
Sciences, Lettres, Arts, pour accroître leur force,
Devant rester unis, consomment leur divorce:
L'esprit, multipliant à l'excès ses canaux,
S'affaiblit en sa course et se perd en ruisseaux.
De ces progrès menteurs conséquence dernière,
Chaque pas en avant est fait vers la matière.
Contre des errements dont ce siècle s'éprit,
Nous voulons maintenir l'unité de l'esprit.
Embrassant, étendant, s'il se peut, son domaine,
Tout essor généreux trouve ici son arène [1].

Cette esquisse rapide, avec sincérité
A la Science paye un tribut mérité.
Toutefois notre éloge, aiguisé de critique,
La rappelle et la borne à son rôle historique.

Les Lettres et les Arts, dans leurs récents travaux,
En notre temps, du moins, lui restent inégaux.

1. La *Société des Sciences industrielles, Arts et Belles-Lettres de Paris*, par son multiple but, donne un exemple digne d'être imité.

Nous pourrons quelque jour retracer leur histoire [1].
Le grand siècle français [2], cher à notre mémoire,
De toutes les grandeurs appelant le concours,
Peut servir de censure et d'exemple à nos jours.

Dans les champs de la nuit on a vu d'aventure,
L'astre au front lumineux amoindrir sa figure ;
Il semble s'éclipser pour notre œil abusé :
L'esprit humain sommeille, il n'est point épuisé.
Du faisceau désuni retournons la pratique,
L'âge moderne aura son grand siècle classique.
Le vieux tronc rajeuni peut reverdir encor,
Et pour son renouveau pousser des rameaux d'or.

1. En deux Discours sur les Lettres et sur les Arts.
2. Le dix-septième siècle.